魚 菜 共 生

鮮採現吃！從地下室到頂樓，從零開始實踐的新型態懶人農法

2016 年暢銷增訂版

城田魚菜共生健康農場｜著

目　錄
Contents

Part2　開始吧！我的城市田園夢

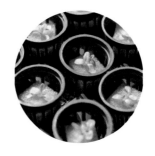

Part3 商業化的魚菜共生

Part4 上桌囉！無毒安心吃

作 者 序
Preface

城
田
，
城
市
裡
的
良
田
。

那一年，某個晚上，我回家看到家人無神的坐在沙發上，手上拿著一張惡性腫瘤確診書；隔日電視報導消基會抽檢市面上五個標示 100% 純蜂蜜的品牌，檢驗結果這五種品牌蜂蜜含量都是 0。

從那一刻起，我就下定決心要創立追求健康生活與健康飲食的社會企業，當作此生最後一個志業。我相信人們值得生活在心情愉快，飲食健康的環境中。於是，我將城田的核心價值觀訂為：健康、快樂、綠生活！

創立城田魚菜共生健康農場，當初是為了讓民眾方便，並且實際相信都市農耕的可行性，團隊決定設立在台北市捷運公車都能到達的地點。昂貴的租金及當時五位全職的人事成本，讓城田的經營過程倍感壓力，所幸在股東及團隊的支持下，我們一步一步向上提升。除了繼續實踐對孩子的綠生活教育外，也推出了新的魚菜共生專業課程，期待培育出更多 AP 高手加入魚菜共生的健康願景。

我們的團隊成員都很熱愛大自然，才會愛上魚菜共生有機生態農法。魚菜共生在美國被合法認定為有機農法，完全無法使用農藥及魚藥，因為只要一用藥，不是魚死就是菜會變形甚至死去。讓魚幫菜、菜幫魚，並且達到互相監督的作用。

　　另外，利用魚菜共生農法 Aquaponics，城田也發展出許多教學應用方式。譬如屋頂綠化、可食風景、可食景觀、給予老人的生命力園藝療法、教育小朋友重視環保的校外教學、教育青少年共生互利的價值觀，與利用系統設計課程培養年輕人創新精神等。尊敬前輩，培育下一代，這樣的工作時常讓我們感到無比驕傲。

　　2015 年，我們終於推出了魚菜共生食品—魚菜共生甜羅勒原汁工法淨麵，採用魚菜共生農法細心照料 40 天的新鮮甜羅勒與進口非基改麵粉製成，製程非常簡單，不添加任何化學劑。以甜羅勒為主，我們也開發了甜羅勒蛋捲、甜羅勒青醬等。 2016 年 7 月成立城田魚菜共生健康農場三峽一場與二場，總面積約 500 坪，實現了台灣最大規模的魚菜共生商業農場。今後城田將努力研究及監控魚菜共生品質，協助同業生產出更多健康無毒食品，提供民眾健康安心的新選擇。

　　我的合夥人紅梅姐是個單親媽媽，老天讓她在社會上歷練許多苦難，但是這一切並沒有擊垮她熱愛生活相信未來的樂觀天性，我們的紅梅姐充滿無限愛心，有她，我們一定可以建立起「城田有愛」的核心文化。

創辦人　康東益｜ Dongyi

共同創辦人　紅　梅｜ May

推 薦 序
Recommended Sequence

健康是寶！無毒飲食最重要

　　各國追求經濟成長，造成的污染正由全人類共食惡果，世代都將深受其害。

　　連北美洲人跡罕至的山區河川含汞量都已遠遠超標，因為汞能昇華，四處飄散，無遠弗屆。台灣空污的懸浮微粒含量也遠超過世衛的標準。這些富含毒物質的微粒掉入水與土壤，經由食物鏈，最後進入人體，危害健康。成大廖教授的團隊在國際期刊發表的論文指出，放養的蛋雞因就地兼食藻蟲魚蝦，所下的蛋之戴奧辛含量為籠養蛋雞所下的蛋之 5.7 倍，可見污染的嚴重性。水源與土壤的其他污染更不可勝數，無毒食物愈來愈難取得，也使得病從口入的機率大增。

　　Aquaponics 源自 aquaculture（水產養殖）與 hydroponics（水耕），我受邀在 2010 年國際綠色生技研討會上演講時，率先稱為「殖耕」；但若習慣稱為「魚菜共生」也無妨。它是動物（魚）、植物（菜）、微生物（硝化菌）在密閉的循環水體中構成，互利共生，達於平衡的生態系。水體藉由循環流動獲得足夠的氧，

硝化菌才能將動物的排遺與殘餘的飼料所產生之氨，轉化為可供植物利用的氮肥，同時達到淨化水質的目的。正由於「流水不腐，戶樞不蠹」的道理，水中有足夠的氧，有害菌類才不致於孳生，得以生產出無毒健康的魚與菜。

　　創辦人康東益經營事業有成，後因家人健康有損，頓感健康是寶，應首重無毒飲食，因此努力尋求無毒生產技術，又有紅梅、得軒等人一起毅然放棄原本穩定而高薪的工作，創立城田魚菜共生健康農場。經過不停的努力，農場已漸入佳境，如今出書教學、推廣，特樂為之序！

曾義雄

前中興大學生命科學院院長

中台科技大學健康科學院院長

慈濟大學講座教授

堅持做對的事，自然能過健康的生活

　　什麼是「魚菜共生」？如果不深入了解其追求的內涵與意義，通常的答案就會僅是一般的「水耕栽培」吧！

　　在一場社會企業價值的研討會中，認識了創辦人康東益先生，也開始產生想瞭解的興趣，經過幾次交談且直接到生產基地去參訪後，我感受「魚菜共生」追求的，是生態、環保、安全、安心與互利共生。

　　「追求食品安全」是目前台灣社會大眾最關心的議題，我們時時擔心吃的蔬菜水果是否有農藥殘留？處處害怕所買的豬雞牛魚肉是否有使用抗生素或荷爾蒙？「魚菜共生」飼養管理系統顯示的是：如果我們堅持做對的事，擔心的議題就都不會發生。

　　最令人感動的是，「魚菜共生」飼養管理系統可以居家休閒或經濟生產，所以在客廳、陽台、屋頂或巨大的溫室內都能運作，因此除了修身養性之外，也可以創造就業的機會，真是一舉數得。

　　祝福與支持魚菜共生！

陳育信

福壽實業股份有限公司 總經理

洽富實業股份有限公司 董事長

1
PART

新型態農法：
魚菜共生是什麼？
What is Aquaponics

為什麼要魚菜共生？
Why Do We Need Aquaponics?

食安問題多，自給自足才放心

2011 年塑化劑事件爆發，政府著手修改食品衛生管理法，全面清查、提高罰則，並宣佈該年為「食安元年」，國人的食安意識逐漸抬頭，沒想到迎來的是一連串食安問題連環爆，包括瘦肉精、香精、毒魚、毒奶粉、銅葉綠素、毒豆干以及數不盡的黑心食品，就連知名老品牌、食品大廠都紛紛上榜，「還有什麼可以吃？我的小孩未來怎麼辦？」是所有人無奈的心聲。

當食品引發顧慮，源頭的食材就顯得相當重要，遵守節氣、尊重自然界的循環，採用無破壞、無毒的種植方式是訴求天然健康飲食的基本功。許多現代人嚮往成為自給自足的都會自耕農，卻總在技術與空間的限制下打退堂鼓，但若這些小量農事能在一方小空間中簡單完成，甚至不需要投入如傳統農業這麼多的勞動力（如鬆土施肥、澆水鋤草等時間），還能兼顧平日的工作和生活，是否很吸引人呢？魚菜共生即是幫助大家完成心願的新時代農法，只要秉持著對環境友善的態度與堅定的行動，自給自足便不再只是退休後的願望，而是從現在起就能身體力行的有機生活方式！

水耕法＋水產養殖，簡單又環保

魚菜共生農法屬於水耕農法的一種，但是水耕農法不一定是魚菜共生農法，水產養殖加上水耕法是「魚菜共生」最重要的核心技術，取「水產養殖 Aquaculture」加上「水耕法 Hydroponics」而成的新詞彙。雖然我們稱之為「魚菜共生」，但是不一定限制在養魚種菜，養殖可以是魚、烏龜、鰻魚、蝦子甚至是鱷魚，耕作方面則可以是菜類、花卉、水果等，所以「魚菜共生」正確來說應該是「養耕共生」。

水產養殖是指利用天然水面或人造池塭放養經濟價值較高的魚類、蝦蟹、貝類、甲殼類及藻類的種苗，進行人工繁

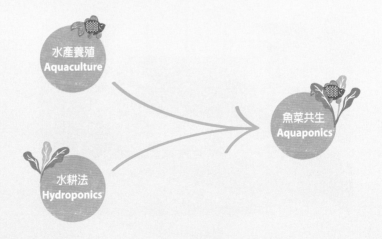

水產養殖
Aquaculture

水耕法
Hydroponics

魚菜共生
Aquaponics

殖的生產方式，需要定期換水，以維持水質乾淨、延續產
能。而水耕法顧名思義就是以水代替土壤，成為無土栽培
的耕作方式，以種植葉菜類居多，能夠穩定一年四季的產
量，需調配營養液讓植物吸收，但定期必須排放的廢棄營
養液中的微量元素可能造成環境污染，如優養化。魚菜共
生農法剛好能夠結合兩者優點並改善缺點，不需換水、不
需將含有微量元素的水排放，而是不斷循環再利用。

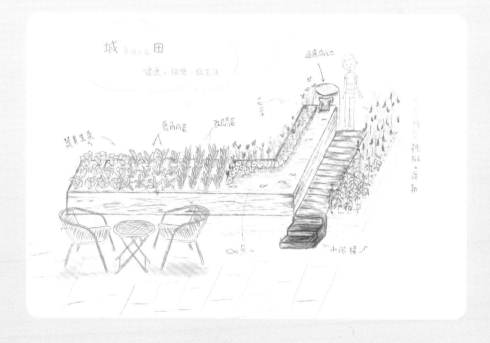

順應自然，別再誤會硝酸鹽了！

過去有許多媒體報導指出硝酸鹽是致癌物，其實是誤解了硝酸鹽，硝酸鹽是自然界氮循環的一部分，普遍存在環境、空氣、水中，對人體而言是必要的存在，扮演著維持體內平衡的重要角色，攝入過多才是問題。

植物需要硝酸鹽進行光合作用，並轉換出胺基酸與蛋白質才能活下去，因此，我們食用的葉菜類中，一定含有胺基酸、蛋白質以及微量的硝酸鹽，這是大自然的安排。硝酸鹽入口後，遇上人體體內的細菌，部分會被轉換回亞硝酸鹽，而亞硝酸鹽也還不是致癌之物；當亞硝酸鹽遇上了胺類，才會變成可怕的致癌物質—亞硝胺，亞硝胺會造成食道癌、胃癌等疾病，不得不慎！

那麼，你或許會問：「為何大自然要安排硝酸鹽留在蔬菜
內讓我們吃呢？」這是因為硝酸鹽入口後也會轉換為一氧
化氮，一氧化氮不僅可以殺死沙門氏菌、大腸桿菌，還會
增加血液循環、增厚胃壁，減少細菌感染與潰瘍的發生。
一氧化氮降低了細菌感染與潰瘍發生的機會，是身體需要
的好東西。

新鮮蔬果大都含有維他命 C 及維他命 E，維他命 C、E 可
阻止硝酸鹽轉化成致癌物質亞硝胺，所以要多多生食新鮮
蔬果。除此之外，洗菜的方式也很重要，由於維生素易溶
於水，有些人喜歡不斷的搓洗葉片或切完菜再洗，都可能
造成維生素在不當洗菜的過程中流失。

如果真的已經在體內形成可致癌的亞硝胺，該怎麼辦？別
擔心！木耳、黃豆、糙米、地瓜葉、南瓜，還有柿子、柑
橘、香蕉、梨等各種水果，都含有大量的維生素 B2，能夠
有效阻斷亞硝胺引發癌細胞的機率。總而言之，保持均衡
飲食，別挑食，並且廣泛食用各種新鮮、當季的食材（非
食品），順應大自然的安排，就能有效避免各種文明病上
身！

魚菜共生（aquaponics）這個詞是在 1970 年代所創造出來的，但是這樣的系統操作方式其實並非新觀念，在人類歷史上早從西元前 1400 年就有跡可尋了⋯⋯

1-2 魚菜共生的起源，來自老祖宗的智慧
Aquaponics Origin Of Wisdom From Our Ancestors

阿茲提克 浮筏植栽

3000 年前，位於南美洲（現今墨西哥地區）的阿茲提克印地安人發現水中有豐富的養分，因此發展出人工浮島的耕作法，被視為當代魚菜共生系統的雛型。浮筏耕作法是一種連結運河及人造固定小島的系統，農民撐船在小島間穿梭，在小島上進行蔬果種植，而蔬果的養分則來自流經附近城市的運河和泥巴。

唐朝 稻魚共生

2005 年聯合國將浙江青田地區獨特的「稻魚共生系統」訂定為世界農業遺產。稻魚共生在中國已有數千年歷史,相傳起源於早期農民引溪水灌溉農田,魚苗自然地在田中孵化,久而久之形成了共生系統,並維持至今。這些田裡的魚除了會吃農民投擲的飼料,也會吃昆蟲、雜草,這使得農民得以不費工夫地完成除草、除蟲的工作,且魚在覓食的過程中會翻鬆土壤,牠們的糞便亦會形成天然肥料,更能使農民在穀物生產之外,增加額外的效益。

如果你現在到浙江省青田縣的餐館吃飯,告訴服務生要吃「田魚」,那麼你就是內行的老饕!因為田魚是放生在水稻田裡利用魚菜共生原理自然長大的鯉魚,肉質鮮美無土味。

明末清初 桑基魚塘

桑基魚塘是明清時中國華南地區的水鄉人民在土地利用方面的創造，他們將低窪地挖深變成水塘，再將挖出的泥堆放在水塘四周，成為地基，基、塘的比例為六比四，基上種桑、塘中養魚、桑葉用來餵蠶，蠶的排泄物（蠶砂）用以飼魚，而魚塘中的塘泥再取上來作為桑樹的肥料。通過這樣的循環，能產出四種經濟作物：魚、桑椹、蠶絲、蠶砂（中藥材），不論在生態上或經濟上皆取得了極高效益。因此被視為是中國建立生態農業的開端。

圖解魚菜共生循環系統

Graphic Aquaponics circulatory system

| 魚菜共生其實也可以視為是魚、菜、菌共生。

魚

| 魚類呼吸及排泄物中皆含有阿摩尼亞，阿摩尼亞累積過多
會對生物造成傷害，甚至死亡，而水中的微生物亞硝化單
孢菌能將阿摩尼亞分解成亞硝酸鹽 NO2，再由硝化桿菌轉
化為硝酸鹽 NO3，被植物所利用。

植物

| 植物的根部是以離子交換的方式來吸收養分，因此不論是
哪種營養來源，都必須轉換成硝酸鹽的型態，才能被吸收
利用，當植物吸收了被微生物分解的養分的同時，也淨化
了水質。此外，植物的根部會釋放天然的抗生素，而這些
抗生素可溶於水，也會幫助魚類維持健康。

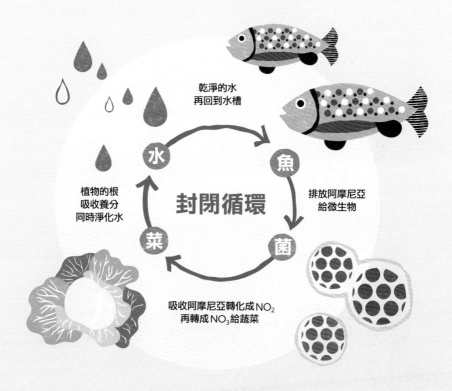

乾淨的水
再回到水槽

水

魚

植物的根
吸收養分
同時淨化水

封閉循環

排放阿摩尼亞
給微生物

菜

菌

吸收阿摩尼亞轉化成 NO_2
再轉成 NO_3 給蔬菜

菌

水中的微生物會居住在介質床、植物根系或水管內壁等氧氣充足的區域中，約 15 ～ 20 小時間便會以細胞分裂的方式進行繁殖，其中轉換阿摩尼亞為氮肥的菌均稱為硝化菌。硝化菌是養魚非常重要的角色，沒有了硝化菌來轉化阿摩尼亞，魚一定會面臨死亡的威脅。你是否曾開心把魚缸洗得乾乾淨淨後放回魚，然後隔日發現魚兒歸天了呢？那是因為你把硝化菌洗光光了！

水

最後，被植物根部淨化後的水再循環回魚池，便形成一個重複利用水資源的循環。魚菜共生農法使用的循環水，也可稱之為「生態水」或是「系統水」。

複合式養殖

上面種菜、下面養魚是最基本的魚菜共生複合式養殖的方式，人們從系統中收成蔬菜，並且補入飼料給魚，以符合能量守恆的定律。

一般水族箱內會放置底砂作為硝化菌的棲地，但魚菜共生系統中不一定需要放底砂，可直接利用沉水馬達將養魚的排泄物及含有阿摩尼亞的水往上抽，灌溉給植栽床（蔬菜成長區）。植栽床的介質多用發泡煉石或是輕石（利用回收玻璃再製的環保輕石）取代土壤（由於土壤會流失且污染水質，因此魚菜共生系統中比較少使用），發泡煉石及輕石粗糙、千瘡百孔的表面有利於微生物吸附，而微生物便在此將阿摩尼亞轉化為無毒可用的硝酸鹽。

植物淨化後的水則靠虹吸管排回給魚缸，水排放的同時衝擊到魚缸的水面，也能達到打氣、增加水中溶氧量的效果，因此小型的魚菜共生系統不需要再外加打氣的馬達，整個系統中唯一需要用電的僅有沉水馬達。

蔬菜｜可以種植葉菜類、蔬果類、香草類、花卉類。
虹吸管或回水管｜利用虹吸原理創造潮汐水位高低，增加植栽床的溶氧量，但如果沒有虹吸管也仍可行。
植栽床｜可以是浮板式，或者放入發泡煉石、輕石作為介質。
魚缸｜最好選擇不透明的容器，避免長藻類。
沉水馬達｜特別注意規格裡的「揚程」，也就是要將水打上多高。

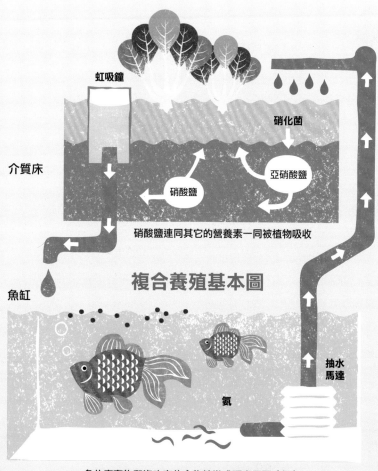

虹吸鐘

硝化菌

介質床

亞硝酸鹽

硝酸鹽

硝酸鹽連同其它的營養素一同被植物吸收

複合養殖基本圖

魚缸

抽水
馬達

氨

魚的廢棄物和沒吃完的食物轉變成阿摩尼亞（氨）

常見的植物栽培方式

潮汐介質床式 Media-based（Ebb & Flow）

│特色

1. 常用介質如發泡煉石、輕石、火山岩等，有透氣性高的特性。

2. 介質除了能夠固定植物根莖之外，亦可作為過濾及硝化床，適合硝化菌居住。

3. 適合大型多年生作物如木瓜、辣椒、番茄、百香果讓根部可以依附。

4. 種植深度建議在 20 ～ 30 公分，裡面放紅蚯蚓（釣具行可以買到），能有效分解有機質，如腐敗的根、未吃完的魚飼料等等。且紅蚯蚓不怕水，不必擔心牠會淹死。

以 30 公分深的介質床為例，最上面第一層為乾燥層，至少 2.5 . 5 公分，保持乾燥，防止藻類在表面生長，莖部不會泡水，也能有保溫的效果。乾燥的發泡煉石也可將下方泡水後浮起的發泡煉石壓住固定。中間為潮汐層，約 10 ～ 20 公分，為根系主要發展範圍及蚯蚓活動的空間。最下層則為礦化層，當有機廢物沈澱後、厭氧菌將有機質分解成無機質，久了形成如淤泥的組織，蒐集後可丟回土裡，當成肥料。

限制

清理較麻煩，建議介質一年要清洗一次，以清水洗淨後曝曬約 1 天，讓被固體沉澱物附著的介質表面重新恢復到粗糙多孔的狀態。

介質床式的常見介質：發泡煉石

為三種常見介質中最便宜且最容易取得的。以淤泥燒製而成，有分特粗、粗、中、細等大小，圓形，不割手，魚菜共生建議用粗粒的發泡煉石。

介質床式的常見介質：輕石

不起眼的廢玻璃經過高溫洗禮後成為「環保輕石」，是100%的廢玻璃加上添加劑後，變成多孔質輕的無機材質。

介質床式的常見介質：火山岩

依產地環境的差異有不同的酸鹼值，買回來後可先泡入水中檢測 pH 值。優點是不會浮起，但其形狀較不規則，要小心磨傷手。

浮筏式 Raft System Deep Water Culture（DWC）

特色

1. 整齊、經濟、方便管理，常用於商業型系統。

2. 適合種植葉菜類作物，如萵苣、生菜、小白菜、蔥、高麗菜、空心菜。

3. 常見有高密度保麗龍板、植栽杯、浮田板等植耕材料可選擇。

限制

1. 氧氣交換率較差：根部一直泡在水中，而水在夏天時溶氧量較差，根系缺氧會長不好，因此系統較大時需要加裝增氧設備，如連接氣泡石的打氣幫浦。

2. 植物根部沒有太大的空間依附，因此僅適合不會長太高的短期作物。

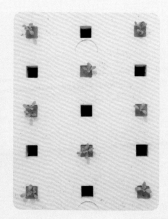

垂直滴流式 Vertical Farming

| 特色

1. 節省空間，單位面積內提供最大產量。

2. 適合擺在無遮蔽物、受光較均衡的戶外空間。（但若有日照不均的問題，上下層可以交替擺放。）

3. 考量節省空間，亦常常會被利用到室內。如在室內種植，則只能栽種蕨類等對日照需求低的植物。

4. 可當作牆面的綠化裝飾和空氣淨化裝置。

5. 可以聽到滴流聲，心情愉悅。

| 限制

1. 植物層數越高，馬達的瓦數與揚程就要越高。

2. 耗電力隨著高度增加。

混搭使用！

1. 空間足夠的話，建議視環境狀況採二種以上的複合栽培方式。
   例如可以介質床式搭配結合浮筏式的魚槽。

2. 魚槽及種植箱可更換為更美觀的素材，例如以南方松釘成的木
   箱搭配防水布，就比一般塑膠箱美觀許多。

養液薄膜式管耕法 Nutrient Film Technique（NFT）

特色

1. 整齊、清潔。利於垂直多層化種植，小空間也可以完成。

2. 可當作牆面的綠化裝飾。

3. 可用 3 寸以上的 PVC 水管，挖洞並擺入水草盆。

限制

1. 清理維護較不易。

2. 管內散熱慢，如夏天溫度過高，需特別留意水流量及流速來控制溫度。

3. 根系發展空間有限，適合短期作物。

4. 需妥善過濾水質，以免雜質堵塞在植物的根系，影響了根系吸收營養的
   能力。

四 季 蔬 果 品 種 推 薦
Seasonal Varieties Of Fruits And Vegetables Recommended

春

品種	難度	特別說明
落葵（皇宮菜）	◊	建議用扦插栽培法。
秋葵	◊◊	果長 6～10 公分就可收穫，過遲品質會變差，要小心介殼蟲。
空心菜（蕹菜）	◊	建議用扦插栽培法。
甜羅勒	◊◊	
奧勒岡	◊◊	
甜椒	◊◊	
小黃瓜	◊◊	要提防白粉病，需蜜蜂或人工授粉。
山苦瓜	◊◊	
紫蘇／青蘇	◊◊	

夏

品種	難度	特別說明
絲瓜	💧💧	要注意蟲害。
玉米	💧💧💧	結穗時易有蟲害。
芹菜	💧💧	
豌豆	💧💧	被果實蠅叮到果實會萎縮。
空心菜	💧	每兩週可以重複收割。

 **秋**

品種	難度	特別說明
辣椒	💧	
草莓	💧💧	戶外栽培易有蟲害， 日照需充足。
芝麻菜	💧	秋天至春天，太熱生長遲緩。
西洋芹	💧💧	高溫生長狀況會較不好。
巴西利	💧💧	陽光曝曬過多葉子易老化。
初秋高麗菜	💧💧	氣溫過高不易結球， 戶外栽培易有蟲害。
花椰菜	💧💧	氮肥不足花蕾會長不大。
蘿美生菜	💧💧	正統凱薩沙拉標準生菜
紅捲萵苣	💧💧	主廚沙拉必備
綠捲萵苣	💧💧	各類沙拉必備

冬

品種	難度	特別說明
茼蒿	💧💧	
捲葉羽衣甘藍	💧💧	
韭菜	💧	
甜菜根 （根荼菜）	💧💧	
結球萵苣	💧💧	
蘿美生菜	💧💧	正統凱薩沙拉標準生菜
紅捲萵苣	💧💧	主廚沙拉必備
綠捲萵苣	💧💧	各類沙拉必備

四季皆可

品種	難度	特別說明
青梗白菜（青江菜）	💧	
小白菜	💧	
大白菜	💧	
萵苣（大陸妹）	💧	
紅杏菜／白杏菜		
北蔥	💧💧💧	冬季較冷時易開花。
九層塔	💧	
敏豆	💧💧	被果實蠅叮到果實會萎縮。
芫荽（香菜）	💧💧💧	生長速度較慢，葉柄較脆弱，需提防大風。
番茄	💧💧💧💧	須摘除側芽以利主幹生長養分集中，提防鳥害。
木瓜	💧💧💧💧	植床深度必須在 30 公分以上，以利根系抓牢。

魚 類 品 種 推 薦
Recommended Fish Species

食用魚

魚種	難易度	適合水溫
台灣鯛 （吳郭魚）	💧	16℃～35℃
紅尼羅魚	💧	16℃～35℃
加州鱸	💧	12℃～28℃
七星鱸	💧💧	18℃～25℃
銀鱸	💧💧	17℃～28℃
曲腰魚	💧💧	18℃～25℃
鯰魚	💧💧💧	20℃～25℃
鰻魚	💧💧	20℃～28℃

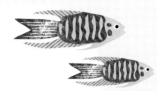

觀賞魚

魚種	難易度	適合水溫
朱文錦		12℃～33℃
金魚		15℃～28℃
錦鯉		12℃～33℃
玉如意		15℃～28℃
彩兔 （蓋斑鬥魚）		20℃～27℃
血鸚鵡		24℃～28℃
孔雀魚		24℃～28℃

更快採收、長得更好的密技
Faster Recovery, Looks Better Cheat

第二代 Seasol 有機海藻精華液

Seasol 是深咖啡色液狀的有機營養劑。原料取自澳洲塔斯梅尼亞島的公牛海草 Bull kelp，經過科學萃取，提煉成無污染、易溶於水的深色液體，與其他海藻相比有雙倍功效，且能夠完全消化分解。因為有機且第二代 Seasol 加強了溶水性，非常適合水耕，此營養劑在澳洲廣泛被使用在魚菜共生農法中。主要功能在於刺激根部系統生長，強化根群，擴大葉片面積，增強光合作用，促進養分吸收，同時也促進成長。於植株生長發育期、開花期、幼果期至採收前，直接加入水耕系統的水內，非常方便省事，亦可直接噴灑葉面施肥。自以下圖中可以明顯看出有添加與無添加之巨大差異。

藍盆與綠盆同品種、同時間種植，藍盆無添加 Seasol，綠盆有添加。

EDDHA 型螯合鐵

鐵是植物裡葉綠素的要素之一，缺少鐵會造成植物的葉子不綠、萎黃或生長遲緩的情況。由於魚菜共生系統大都是內循環的封閉系統，沒有與大自然直接接觸，所以缺鐵的情況相當常見。葉子不綠常常讓種植者感到失望與沮喪。建議適當添加 EDDHA 型的螯合鐵，這是城田推薦目前效果最好、適用 PH 範圍最廣的螯合鐵形式。我們實際使用後的效果良好，不過添加後系統的水顏色會變非常紅，請讀者放心，魚並不會有任何不適的情形。

自動餵食器

自動餵食器是為方便忙碌的現代人設計的水族工具，價位從 100 多元到 2000 元以上的都有，只要設定好餵食時段（通常最多一天可設定四次）和投餌量，便能為你省下不少日常工作時間。

在操作上必須注意幾點：

1. 飼料槽須定期補充，防止飼料餵完了魚還在空等。

2. 數百元的餵食器的飼料存放槽通常沒有防潮或氣密功能，在梅雨季節如不注意，可能使飼料受潮發霉，不僅影響飼料新鮮度，更可能汙染水質，造成大麻煩。

3. 避免過度依賴自動餵食器。一年四季隨著氣溫變化和魚的體型成長，魚的食量都有可能改變，且魚畢竟是有靈性的動物，飼主人工餵食，與魚兒建立交情，不僅有助於魚兒身心發展，更能時時注意其健康狀況。

4. 如果是較大型的系統（魚槽水量在 500L 以上），建議採用人工餵食的方式，因為水族店銷售的自動餵食器無法存放如此大量的飼料。

直接買苗種植

馴化植物成為水耕植物並沒有那麼困難。我們也可以直接在花市或菜苗店直接買回菜苗、花苗甚至小樹回家,將泥土洗乾淨後直接植入魚菜共生系統裡,這樣就省去播種疏苗等過程,節省時間及人力囉!

對的時間採收,避免硝酸鹽過量

新聞上常報導市售生鮮蔬菜的硝酸鹽含量過高,會對人體造成不良影響,尤其是對消化器官尚未發展成熟的幼童造成危害。但根據醫學研究結果指出,硝酸鹽本身對人體並無毒性,也沒有確切證據顯示硝酸鹽和各類疾病有直接關係,且硝酸鹽進入了體內會變成有殺菌效果(沙門氏菌、大腸桿菌)的一氧化氮,減少潰瘍與感染的機率。然而,當硝酸鹽進入人體口腔及消化系統時,會與唾液、消化道中的微生物及硝化菌作用形成亞硝酸鹽 NO_2,亞硝酸鹽攝入量或產生量過多時會迅速進入血液,引起身體缺氧中毒,而若亞硝酸鹽在體內跟含胺類的食物結合(部分海產與藥品),便會形成可能致癌的亞硝胺。

一般來說，硝酸鹽過量的原因多半是由於施肥過量，尤其是施用易溶解的化肥（氮肥／尿素）在生長周期較短的葉菜類作物中，卻沒有足夠的光合作用幫助被吸收的硝酸鹽轉化成蛋白質，以致於在葉片及葉柄裡累積過多。而在魚菜共生的系統當中，這種問題幾乎是不可能存在的，原因如下，第一，我們不會另外添加任何型式的人工氮肥，硝酸鹽皆來自於被硝化菌所轉化的阿摩尼亞；第二，系統講求的是整體平衡，從定期的簡單水質測量便可得知魚菜的比例是否得當，當發現硝酸鹽濃度偏高時，應加大種植面積或減少餵食量。

以下方式可避免攝取到硝酸鹽含量過高的蔬菜：

1. 盡量避免購買連續陰雨天或日出以前採收的蔬菜。由於日光能夠讓硝酸鹽完全轉化成蔬菜體內的蛋白質，所以一般在日照較弱的冬季所生產的蔬菜平均硝酸鹽含量會較夏季高。如果是種菜給自己及家人吃，通常都是在烹調前才會採收，就不會有清晨搶收的問題。

2. 減少食用幼嫩的蔬菜。作物種植初期（種植後 2 至 4 週內），硝酸鹽含量較多，進入成熟期會慢慢轉化成蛋白

質，成熟期採收則可降低硝酸鹽之含量。

3. 水煮的方式可以降低硝酸鹽的含量。硝酸鹽本身易溶於水，所以用汆燙的料理方式是最安全的，而剩下的菜湯應該避免食用。

4. 餐前多吃富含維他命的蔬果。維他命 C、E 等高抗氧化物質都可阻止硝酸鹽轉化成為致癌的亞硝胺，所以水果建議在飯前吃。

魚菜共生名詞解釋 ｜ 小專題 1
Aquaponics Glossary

1. 硝酸鹽

簡單來說，硝酸鹽（NO_3）就是俗稱的氮肥。硝酸鹽是大自然中氮素循環的一體，氮其實是一種無色無臭的氣體，80% 在空氣中、20% 在土壤中，經過下雨將空氣中的氮氣帶入土壤，再藉土壤中的細菌將之固定，成為固定態的氮，這就是硝酸鹽。植物吸收它並用它來製造胺基酸與蛋白質，成為植物體內的成分。

2. 阿摩尼亞

阿摩尼亞（氨）是一種無色氣體且極易溶於水，不但有毒還有強烈刺鼻的臭味，感覺就像你進入一間久未清潔的公共廁所所聞到的臭味。在醫學上，要喚醒暈厥過去的人，救護人員就是用棉花沾藥用阿摩尼亞給當事人聞，刺激他甦醒過來，可見阿摩尼亞的刺激性有多強。不過阿摩尼亞對生物來說卻相當重要，它是所有食物和肥料的重要成分。

3. 硝化作用

硝化作用（ Nitrification ）就是亞硝化單孢菌將水中對魚有
毒的阿摩尼亞（NH4）轉換為亞硝酸鹽（NO2）再由硝化
桿菌轉換為硝酸鹽（NO3）的過程。硝化作用的成效是水
產養殖或一般民眾養魚是否成功的關鍵因素，成功的硝化
作用可將水中阿摩尼亞降到 0 ～ 0.2ppm 左右。

4. 虹吸現象

虹吸現象（Siphonage）是因為壓力不同造成流體流動的
現象。兩端高度不同，水面較高一端的水會自動流向水面
較低的一端，也就是水會由壓力大的一端流向壓力小的一
端，直到兩邊的大氣壓力相等，容器內的水面變成相等高
度或壓力平衡，水就會停止流動。

常見疑難 Q & A ｜小專題 2

Q & A

1. Q ｜ 魚菜共生系統可以不用餵魚嗎？

A ｜ 還是需要餵魚。一個健全、永續的循環系統必須供需平衡，人們從系統中取走蔬菜食用，因此也必須補回某些東西以維持平衡，而需要補回的就是魚飼料。

2. Q ｜ 請問魚菜共生算是有機嗎？

A ｜ 魚菜共生是一種農法，此農法在美國、歐洲、澳洲都是被當地農業局認可的有機農法，只要投入的魚飼料為有機加上環境無毒，魚菜共生農法便可產出有機農作物及魚。台灣目前礙於法條尚未修改完成，魚菜共生農法產物還無法申請有機認證。

美國超市賣的魚菜共生產品（黃昶立 Gogreenhttp://gogreen.tw 提供）

右邊為美國農業局有機認證標籤左邊為魚菜共生農法標籤（黃昶立 Gogreenhttp://gogreen.tw 提供）

3.　Q│　魚菜共生一定是要養魚或種菜嗎？

A│魚菜共生不一定是要養魚或種菜，還可以養蝦、養鰻、養烏龜等任
何會排泄產生阿摩尼亞的水產生物，這些生物也不一定以食用為目
的，亦可作為觀賞用。

另外，除了種菜，魚菜共生也可以種花、種草、種水果，端看個人喜
好與目的。

4.　Q│　如果長時間不在家無法餵魚怎麼辦？

A│魚類約一週內沒有餵食不會死亡，如果不在家的時間超過一週，也
可以加裝自動餵食器解決問題。

5.　Q│　魚菜共生中的魚與菜是否有一定的比例？

A│雖然我們可以給出一個參考比例的數據，但事實上魚菜共生並沒有
一定的比例。由於魚種及菜種的不同搭配以及系統的結構配置會產
生不同的配比需求，所以都得邊做邊改善，並且累積經驗值。

城田參考數據：每 1000 公升水養魚 30 公斤，對應約 21 平方公
尺的種植面積。

6. Q｜ 我家陽台很小，可以做魚菜共生嗎？

A｜可以的。魚菜共生系統可大可小，小至桌上型的 30 公分小魚缸，大到上萬坪都可以設計。

7. Q｜ 魚菜共生的好處是什麼？

A｜魚菜共生系統因為免澆水、免翻土、免施肥、免排水，所以比起傳統的土耕減少了大量的勞動力，讓現代人可以輕鬆開始享受田園樂趣並且持續下去。現代生活中人們追求自然生態是趨勢，因為基因驅使，我們總是渴望綠意健康。家裡有了魚菜共生系統會讓我們感受自然綠意，增加生活樂趣並且可以得到精神上的療癒，不僅如此，我們還可以吃到健康無毒的蔬果與魚，在食安動盪的年代，這是一舉數得的好方法！

8. Q｜ 無毒有機的魚飼料哪裡買？

A｜目前很難買到所謂無毒有機的魚飼料。如果堅持要餵無毒的飼料，可以自製魚飼料或是餵食小蟲（如自己養蚯蚓或青萍給魚吃）。一般來說，建議買最基本的魚飼料，也就是不強調有特殊效果（如增艷顯色）的魚飼料就可以了。

9. Q｜ 魚要養多久、蔬菜要種多久才可以吃？

A｜皆視品種而定，如台灣鯛大約 6 個月，鱸魚大約 7 個月。蔬菜部分從播種開始，萵苣類大約 45 天，其他蔬菜也大都在 40～50 天左右；但其實在家自種，想吃隨時可以摘採不必太拘束。

10. Q │ 常見的蟲害有哪些？該如何避免？

A │ 最常見的就是蚜蟲跟蝴蝶幼蟲了。十字花科的植物較容易有蟲害，如白菜、青江菜，由於所種植的植物都是自家食用的，所以建議可增置防蟲網、養七星瓢蟲等。不要使用有殺蟲效果的化學藥劑。

11. Q │ 我可以找誰幫我設計施工系統或是上課呢？

A │ 城田有許多設計及施工經驗，我們每月也都有在台北開課程。您可以諮詢我們或上官網查詢。www.myfarm.com.tw

12. Q │ 我想 DIY，可以在哪裡買到有質感配件及資材呢？

地區	公司名	產品	電話
台北	樂廷電機	種植方形管、自動管耕系統、蔬菜列車、Seasol、LED 植物燈	02-22900765
林口	愛悠活	屋頂魚菜系統、福田板、花飛碟、神奇杯、Seasol、螯合鐵	0922868949 廖崇廷老師
彰化	統晟魚菜	Seasol、螯合鐵、教育訓練課程	04-8886808
嘉義	樂樂農業	種植管材、管束環、A 架、馬達、Seasol、螯和鐵、打氣機、測試劑、介質、測試儀器	05-2697196 www.lerler.com.tw

2

PART

開始吧！我的城市田園夢

GO! My Dream Garden City

魚菜共生的空間
A q u a p o n i c s   s p a c e

SPACE 1　魚菜同學會

data

坪數｜1/8 坪（70cm×55cm）

材料｜下水桶、彎管、直管、軟水管、
　　　虹吸管、培育盆、發泡煉石、神奇杯

馬達｜3W 揚程 0.6m

魚種｜錦鯉、朱文錦，金魚

植栽｜A 菜、薰衣草，香草，蘿蔓

這套系統採上層種菜下層養魚的方式，利用一顆馬達將生態水 24 小時不間斷的打上硝化區，硝化區內的虹吸管會控制水位高低產生潮汐現象，讓硝化菌能獲得充分氧氣進行高效率的硝化作用。由於系統體積小巧，也非常適合擺置在自家有陽光的小陽台上，種植調味用的辣椒、蔥、九層塔、甜羅勒、巴西利、迷迭香、香茅等，系統採用 3W 的馬達，耗電量低，一個月電費只要 6.5 元左右，但由於 3W 馬達體積小，雜物容易堆累在馬達內，造成水流量降低，引起虹吸管不啟動運作。因此最好每個月清潔一次，以維持正常運作。

魚菜同學會潮汐系統 DIY 實作課程 2.5hrs

│介紹│ 了解基本魚菜共生知識後，立即 DIY 實作一套潮汐型系統，當日帶回家立刻開始我的魚菜共生綠生活。

│費用│ 3800 元（可 2 位一起上課）

│內容│ ❶魚菜共生基礎知識課程　❷虹吸管原理介紹課程　❸一套魚菜同學會潮汐系統 DIY 實作　❹發泡煉石　❺育苗棉、育苗盤　❻栽培杯 40 個　❼第二代 Seasol 有機海藻精華 1000cc

魚菜同學會（簡配）

│售價│ 2800 元

│包含│ ❶一套魚菜同學會潮汐系統　❷發泡煉石　❸栽培杯 x 20 個 ❹第一代 Seasol 有機海藻精華 1000cc

牆面垂直滴流系統

data

坪數｜180cm × 150cm

材料｜金屬網架、掛式花盆、養魚桶、軟管、發泡煉石

馬達｜27W 揚程 2m

魚種｜吳郭魚、鱸魚、觀賞魚

植栽｜草莓

造價約｜NT20,000

垂直系統有兩大特點，第一是美化牆面，讓原本單調的牆面披覆上綠色情境。第二是滴流所產生的悅耳流水聲。滴流聲雖是此系統最大的特點，但是如果裝置在住家，可能希望在夜間能夠有安靜的時刻，若有這樣的需求時，可以裝上導流器或是定時器。採用定時器調整夜間停止打水，必須考慮到最下層養魚槽內的溶氧量問題，如果整夜不滴流會造成養魚槽內溶氧量不足的話，就須加裝一組氣泡機，而一晚不滴流是否會造成養魚槽內溶氧量不足，則取決於飼養的魚種、數量與大小。

此外，垂直牆面系統的過濾裝置一般都設計在最上層溝槽裡，或是直接利用第一層的花盆當作過濾盆，由於最上層有一定的高度，因此清理時需要梯子協助，要特別小心梯子的穩定性。

庭院型療癒系統

data

坪數 ｜ 3 坪
材料 ｜ 南方松、防水布、浮田板、植栽杯、不鏽鋼管、
　　　 水塔接頭、軟水管、虹吸管
馬達 ｜ 20W 揚程 2m
魚種 ｜ 錦鯉
植栽 ｜ 蘿蔓、鹿角 A 菜、番茄
造價約 ｜ NT250,000 ~ NT300,000

魚菜共生除了可以產出無毒健康的蔬果及魚，也被利用在園藝治療的部分。本系統建立在敬老院，因應年長者的特殊需求，系統特別設計了兩種不同的高度。較低的高度讓長者可以坐在椅子上操作種植區，相對較高的高度適合長者輕鬆站姿就可以享受田園樂趣。魚菜共生系統的優良特性讓他們不需要負擔沉重的澆水、施肥、翻土等工作。因為是戶外開放系統，他們每日的工作是來曬曬太陽、看看每日成長的蔬果、餵魚，看見搶食的魚群，體驗生長與生命，讓身心年輕，生活有意義！

SPACE 4　　城市屋頂可食休閒亭

data

坪數｜15 坪

材料｜南方松、防水布、養魚桶、植栽桶、管材、
　　　植栽浮板、虹吸管、水塔接頭、軟水管

馬達｜100W 揚程 7m

魚種｜紅尼羅魚、錦鯉

植栽｜甜羅勒、蘿美、番茄、百香果、蘆薈、芳香萬
　　　壽菊、九層塔、薄荷、薰衣草、蘭花

大約造價｜NT900,000

「城市的屋頂總是光禿禿的，如果能擁有屋頂上的花園景觀多好！甚至，景觀可以不只是景觀，而是可食景觀⋯⋯」此案例便是因應此觀念所建立的可食景觀屋頂系統。當三五好友鄰居一起坐在亭內時，一邊是綠油油的健康蔬菜，另一邊是豐美多汁的水果，隨手一採便可放心食用，不但多了一處休閒放鬆的秘境，還可以藉此環境與鄰居共同維護，增進情誼。

目前新大樓的電梯都可以直達頂樓屋頂，這樣的便利性讓台灣的建商已經開始注重屋頂的開發利用，也重視如何營造大樓內居民間的情感交流，讓建物是個有溫度的社區。魚菜共生因此也成了首選。此系統具一定規模，水果區採用大量發泡煉石加上潮汐設計，扮演重要的過濾及硝化作用，生態水由水果區流向另一邊栽種葉菜類的浮筏區，最後乾淨的生態水再抽回大魚桶內。這樣規模的生態水，可以養殖 50 隻左右的食用魚，如台灣鯛、紅尼羅魚、鱸魚等，居民可鮮嚐現撈的無毒魚！

　田園小溫室

data

坪數｜9 坪

材料｜溫室、FRP 玻璃纖維植栽床、養魚桶、過濾桶、
集水槽、管材、水塔接頭、橡膠管、
鼓風機（打氣幫浦）、氣泡條

馬達｜100W 揚程 7m

魚種｜加州鱸魚

植栽｜高麗菜、芥藍、大陸妹、鹿角萵苣、鳳京白菜、
紅波士頓萵苣

大約造價｜NT150,000（含溫室）

FRP 玻璃纖維是環保又堅固耐用的材質，常常被利用在遊艇的製造上，植栽區的高度可以依需求訂作，一般設計高度為 75 公分，方便人們站著輕鬆栽種採收。此系統利用高度落差以及連通管原理，讓生態水自養殖區不斷的流過一個個 FRP 植栽床，植栽床之間利用連通管導水，完全不需要電力，唯須注意連通管的導水速度是否足夠，以免造成滿水溢出的狀況。

生產方面以採收優質蔬菜為主要目的，因此為了增加溶氧量，特別在每個植栽床都加入二條 60 公分的氣泡條，讓蔬菜長得更快更健康茂密。此外，也建立了溫室網，進出隨手關門便可以有效防止蟲害，在颱風天及冬天時，也可以保護溫室內的蔬果和魚。為了防止養魚槽內大量孳生青苔，務必在養魚槽上方的溫室頂端（或者直接在養魚槽上方）鋪上黑網，避免陽光直射。

SPACE 6　親子魚菜花園

data

坪數｜35 坪

材料｜溫室、養魚桶、過濾桶、集水槽、管材、南方松、
　　　防水布、植栽桶、植栽浮板、浮田板、植栽杯、
　　　垂直栽培套件、透明魚缸、虹吸管、蔬菜列車套件、
　　　竹籬笆

馬達｜100W 揚程 7m

魚種｜金魚、龍鯉、錦鯉

植栽｜鬱金香、薰衣草、蘭花、鹿角萵苣、鳳京白菜、
　　　紅波士頓萵苣、到手香、薄荷、辣椒

大約造價｜NT920,000（含溫室）

此系統徹底顛覆傳統印象中的菜田，塑造小孩大人都喜歡的魚菜花園。園內主要是由兩個南方松圓形階梯型植栽桶加上正中央的養魚桶而成，由上看下來是兩個鑰匙孔。兩旁築上竹籬笆，讓溫室染上濃濃的田園樂活氛圍，另外還搭配了魚菜共生管耕法及垂直栽培法，形成多元性的魚菜共生花園。此案例由街友及單親媽媽經營，不僅提供弱勢團體工作及增加技能的機會，更將自然生態農法推廣至附近的學校，成為一個具有寓教於樂意義的空間。

CASE 1

我的城市農夫夢

台北市 林麗慧小姐

從職場退下後，我一直都是專職家庭主婦，適逢長期茹素的婆婆罹患腸癌，為了讓老人家能夠食用無毒有機蔬菜，在銀行任職經理的先生，毅然決然的與三位同學，在陽明山租地開始自己種菜的時光。

但現實上，受限於交通遠距，且夏日澆水的問題不易克服，持續了三、四年的傳統農耕後終告收手。不過，我們內心深處對有機蔬菜種植的情懷始終揮之不去。

因緣巧合上了魚菜共生相關課程後，對這個有機生態農法有了初步概念與認知，在家人鼓勵下，我積極規劃頂樓的魚菜共生園地，構築我的城市農夫夢。

籌建動力單純是想讓家人吃到有機健康蔬菜，所以在頂樓50坪的空間裡，我只規劃約7坪的一間溫室。溫室採鋼架結構加PC採光屋頂、兩側採用通風佳的紗窗，心想如果遇到颱風可拆卸紗窗，免去溫室結構傷害。

小型魚菜溫室內規劃有一面滴漏牆、五桶介質床、五桶浮筏床等三個種植區，整個系統約3.8噸的水。我的魚菜從草創至今已兩年有餘，魚農夫從最初的吳郭魚、鱸魚到目前20公分左右的230隻鯽魚，整個硝化系統均維繫得很順暢。

現在每天醒來第一件事，就是上樓看魚菜，看著魚兒生龍活虎的工作著、看著各種蔬菜舒適安好的蓬勃成長著，生活變得很幸福。

魚菜園地的有機蔬菜，除可自給自足讓家人吃得安心健康，有時還可分享給親友，那種感覺更是開心。既能吃到有機蔬菜，還有魚可吃，沒蟲蟲又不用除草、不用澆水，真的是我的開心農場！

DIY 魚 菜 共 生 系 統
DIY Aquaponics System

療癒系微型小瓶

＊可搭配魚菜共生親子 DIY 課程一起上，請洽城田魚菜共生健康農場。

配件介紹

| 發泡煉石
| 1.7 寸水草盆
| 直徑 4.5 公分果醬瓶
　（果醬瓶瓶口大小與水草盆相搭配即可）

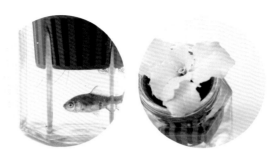

動手組裝

1 | STEP

取少許發泡煉石，放入 1.7 寸
水草盆中鋪底。

2 | STEP

接著將已在育苗海綿培育好的
苗放入水草盆中，再以發泡煉
石填補海綿周邊的縫隙。

3 | STEP

果醬瓶中裝水八至九分滿，並
擺入小魚。

4 | STEP

接著將水草盆放入果醬瓶口，
並確認植物的根系有沒入水面
即完成。

此款微型魚菜共生系統，以教
育推廣魚菜共生概念為目的。
體積小且製作容易，但需特別
注意光照及打氣。平時要不時
將水草盆拿起上下擺動，使水
面出現氣泡，提供小魚新鮮氧
氣，並且不可長時間曝曬太陽，
以免水溫過熱。

浮筏式觀賞魚缸

配件介紹

| 一般家用魚缸
| 保麗龍植耕板（自行裁切成需要的大小）
| 外部過濾器
| 混合粗、細兩種底砂

動手組裝

1 | STEP

魚缸內注水至八分滿。

2 | STEP

將粗細混合後的底砂撥入魚缸中。

3 | STEP

魚缸邊掛上過濾器,並啟動。

較大型的魚會啃食植物的細根，因此此款魚菜共生系統僅適合養小型的魚。

4 | STEP

待底砂完全沈澱，水質清澈後，以魚網將小魚放入缸中。

5 | STEP

將買來的菜苗根部的土洗淨，置入育苗海綿中，再將育苗海綿放入植耕板中。

6 | STEP

最後將植耕板放入魚缸中。由左至右分別是大陸妹、鹿角A菜、山茼蒿菜苗。

SYSTEM 3　介質式小盆蔬菜箱

配件介紹

| 外部過濾器
| 養魚箱
| 有孔掛盆
| 發泡煉石

動手組裝

1 | STEP

養魚箱內注水至八分滿。

2 | STEP

箱子旁邊掛上過濾器，並啟動。

3 | STEP

將有孔的掛盆內填入發泡煉石至九分滿，並掛在水盆邊。

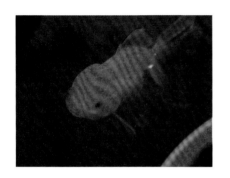

4 | STEP

再將欲養的金魚放入養魚箱中。

5 | STEP

準備半瓶蓋的硝化菌。硝化菌可加速將魚的排泄物轉化成硝酸鹽。

6 | STEP

將硝化菌倒入養魚箱中,並靜待一會兒。養魚箱的底部也可考慮加入底砂,硝化菌作用的效果會更好!

7 | STEP

接著以扦插方式，將菜苗插入發泡煉石中，需插至根部能碰到水約二至三個節點的深度。

8 | STEP

由左至右分別是薰衣草、萬壽菊及薄荷。

可視系統擺放的環境改變種植的植物，如在戶外日照充足的地方，可種植葉菜類植物（如圖分別是菊苣、青江菜與大陸妹），將買來的蔬菜苗根部的土壤洗淨，放入育苗海綿中，久了蔬菜自然會馴化成水耕植物。而若在光線較少的地方，則適合種植蕨類植物或萬年青等耐陰植物。

SYSTEM 4　潮汐式居家活冰箱

配件介紹

- 5 寸彩陶盆 × 6
- 4 分園藝用夾紗水管 50 公分
- 4 瓦沉水馬達
- 16mm 水管 10 公分 × 2
- 16mm 水管 20 公分 × 1
- 16mm 閥接＋ 22 號 O 型環 × 2
- 16mm 90 度彎頭 × 1
- 16mm 直角入銅彎＋ 22 號 O 型環 × 2
- 虹吸管製作材料
  （1¼ 寸 PVC 水管、管蓋、束帶、空壓管）

動手組裝 | 虹吸管製作

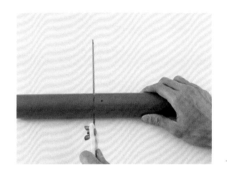

1 | STEP

將PVC水管鋸成需要的長度。

2 | STEP

以奇異筆在水管上畫出四個
1.5 公分深的記號。

3 | STEP

根據上個步驟，接著將水管鋸
出四個缺口。

4 | STEP

水管另一側蓋上管蓋。

5 | STEP

以五號鑽子在管蓋上鑽出一個洞（同時穿過管蓋及裡面的水管）。

6 | STEP

將空壓管插入洞中。

7 | STEP

以矽利康將空壓管的四周密封，確認不會漏氣。

8 | STEP

接著將空壓管向下固定，以束帶束起。

9 | STEP

束帶拉緊後，剪去多餘的部分，虹吸管完成。

動手組裝 │ 系統組裝

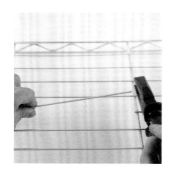

1 │ STEP

確認 16mm 水管是否能穿過
層架。若無法穿過，可先剪去
部分層架結構。

2 │ STEP

將整個層架組裝完畢。

3 │ STEP

安裝進水口。以 16mm 直角
入銅彎接上 16mm 閥接，兩
端皆須加上 22 號 O 型環。

4 | STEP

進水口安裝完成。

5 | STEP

接上 16mm 水管 20 公分及園藝用夾紗水管。

6 | STEP

夾紗水管的另一端接上沉水馬達。

7 | STEP

接著種植箱的底部安裝出水口，同樣以 16mm 直角入銅彎接上 16mm 閥接，上端須加上 22 號 O 型環，以免漏水。

8 | STEP

出水口的水管正好通過一開始剪開的缺口。

9 | STEP

再接上 16mm 水管 10 公分及 90 度彎頭水管，出水口完成。

10 | STEP

最後在箱內，出水口的頂端接上 16mm 水管 10 公分，再罩上虹吸管。

11 | STEP

放入種植的陶盆後，系統安裝即完成。

八步驟，系統動起來！
Eight steps, the system moving up!

水質是系統運作中最重要的一環，也是檢視整個系統循環
的關鍵，水質的各項數據能夠幫助我們判斷魚和菜的生長
環境是否健康，並找到適合的魚菜比例，且確保硝化作用
正常運行。

1 | STEP　　檢測水循環

首先，針對魚菜共生裝置的大小、高度挑選揚程、抽水
量、瓦數合適的沉水馬達，接著將水注入裝置完成的魚菜
共生系統中，測試虹吸管運作、溢流水位的狀況，讓系統
的水持續循環一天，確認運作狀況。

1 | 2
1 | 當水位達到內管並啟動
虹吸作用，上方種植箱
的水會經由內管大量往
下方的養魚箱流。
2 | 上方種植箱的水位若低
於虹吸管入氣孔，虹吸
作用停止，生態水停止
往下流，植栽床水位再
次上升。

控制 pH 值

2 | STEP

| 魚類喜鹼，菜類喜酸，因此水的 pH 值最好設定在 6.2 ～ 7.4 之間。系統的水須曝曬 1 ～ 2 日除氯，或可以用 RO 逆滲透水代替。也可以自行微調水的 pH 值，調升：在水中加入紫菜、珊瑚石、牡蠣殼、蛋殼，調降：在水中加入萊姆汁、檸檬汁、醋、磷酸。調整 pH 值不宜過劇烈，最好每日調整不超過 0.2。

1 | 2 | 3
1 | 滴入 3 滴 pH 值試劑。
2 | 蓋上蓋子後上下搖晃十秒。
3 | 靜置三分鐘後，比對顏色，確認 pH 值。

3 | STEP　開始養魚

開始先養少量的魚，待系統環境穩定後再增加，約每100公升的水可養2.5公斤的魚。將魚放入之前須先確認水質經過除氯、殺菌，平時則要注意水的 pH 值與溫度。放入魚後先暫時不要餵食，待狀況穩定後，餵食量約為魚體總重量的3〜5%，每日餵食2至3次，另外也要注意飼料顆粒大小、沉水或浮水的特性。

1｜2｜3
1｜將買來的魚整袋放入養魚箱 10 〜 15 分鐘，以適應溫度。
2｜接著分五至六次，將袋子內的水逐步換成魚缸的水。
3｜最後將袋子傾倒，讓魚游出，對水完成。

測阿摩尼亞

│ 放入魚後約三天，可測到阿摩尼亞，安全值為

0.25 ～ 1.0 ppm。

1 ｜ 2 ｜ 3

1 ｜ 滴入 8 滴第一試劑。

2 ｜ 滴入 8 滴第二試劑，並上下搖晃試管 10 秒。

3 ｜ 靜置五分鐘後，比對顏色，確認阿摩尼亞值。

5 | STEP 　倒入硝化菌

│ 硝化菌的使用法依品牌略有不同，一般而言 100 公升的水
約倒入 10 毫升的硝化菌。

│ 如果買不到硝化菌，也可向有養魚缸的朋友借使用過的過
濾棉，甚至是魚缸水，直接嫁接至自己的新系統中。

硝化菌的使用方式請
參閱相關說明書。

測亞硝酸鹽

6 | STEP

養魚約一週後可測到亞硝酸鹽，安全值為 0.25 ～ 1.0 ppm。此時阿摩尼亞含量應下降。

1 | 2

1 | 滴入 5 滴亞硝酸鹽試劑，並上下搖晃 10 秒。
2 | 靜置五分鐘後，比對顏色，確認亞硝酸鹽值。

7 | STEP　　　亞硝酸鹽完全轉化為硝酸鹽

> 待亞硝酸鹽完全轉化為硝酸鹽，理想值為 20 ～ 100
> ppm。此時阿摩尼亞與亞硝酸鹽含量會漸漸趨近於
> 零。

1 | 2
1 | 滴入 10 滴第一試劑。
2 | 蓋上蓋子，上下搖晃一
　　分鐘。同時將二號瓶搖
　　晃三十秒。

3 | 4
3 | 滴入 10 滴第二試劑。
4 | 蓋上蓋子，上下搖晃一
　　分鐘，靜置五分鐘後，
　　比對顏色，確認硝酸鹽
　　值。

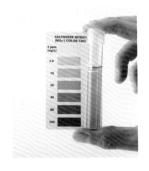

種植蔬果

開始種植蔬果。可依季節、喜好等考量選擇合適的植物品
種，用移植、扦插或是直接用種子育苗的方式種植。

其他注意事項

1. 避免陽光直接曝曬魚槽，以免長青苔、水溫過高。

2. 定期補水，水必先除氯（曝曬或攪動打氣）。

3. 定期更換過濾棉。

4. 定期清洗馬達和植栽床內部。

5. 不建議將種子直接丟入煉石當中，容易被沖走。

6. 蔬菜採收完應立即替補新的植栽。

7. 每天跟魚菜 say hello！

8. 請保持心情愉快不急躁。

定期清洗，將馬達的軸心拆開，
用細刷將內部刷乾淨。

3
PART

商業化的魚菜共生
Let's eat fresh and healthy !

3-1 商業魚菜共生農場

前面都在談個人式、家庭式、社區式等適用的魚菜共生模式。在這裡，
我們要介紹商業魚菜共生系統。

魚菜共生農產品因為有兩個物種互相監督的關係，造就了沒有用藥保證
的清新健康形象，加上魚菜共生系統適合在任何地形上快速建設，漸漸
在國內掀起熱潮，農委會除了在所屬的農改場進行魚菜共生的實驗外，
亦有意提案修改法條，讓魚菜共生的產物能夠申請為有機農作物。因為
趨勢明確，正開始吸引投資人及年輕人向農業靠近，大家都看見未來的
消費市場，所以大型的商業魚菜共生農場，已經在台灣陸續出現。

以一個種植面積 1000 ㎡（約 300 坪）的魚菜共生農場為例，需要 2 位
人員照顧管理。1000 ㎡的種植面積＋50 噸養殖水重量為樣本，以下是
依市場零售價規畫出來的經濟產值供參考：

植哉

面積	棵數	重量 公斤	收穫次數/年	產量 公斤/年	市場零售價 元/公斤	年產值
1 ㎡	40	2.4	9.125	21.9	200	4380
100 ㎡	4000	240	9.125	2190	200	438000
1000 ㎡	40000	2400	9.125	21900	200	4380000
10000 ㎡	400000	24000	9.125	219000	200	43800000

養殖

水重	魚量 公斤	收成 90%	收穫次數/年	產量 公斤/年	價值 元/公斤	年產值
1 噸	30	27	1.2	32	200	6480
50 噸	1,500	1,350	1.2	1,620	200	324000
1000 噸	30,000	27,000	1.2	32,400	200	6480000
3000 噸	90,000	81,000	1.2	97,200	200	64800000

　由表格我們可以得知，年市場價值達到 4,704,000 元。魚菜共生農法不但為市場提供新鮮無毒的農產品，還可以吸引年輕人投入農業，並同時解決食安、就業等社會課題。如果還能搭上休閒農場的優惠政策，加入體驗課程及餐廳收入，相信魚菜共生休閒農場的前途無量。

　由於商轉的魚菜共生農場規模較大，但又被魚菜共生農法限制了不可用藥的天命，於是防蟲防菌工作變得非常重要，建設時務必在防蟲隔離設施上特別加強。

　另外建議投資者要配置足夠的工作空間，讓工作人員可以有效率的進行播種、定植、採收、清洗、包裝、出貨等事宜。良好及足夠的工作空間才能有效率的生產出品質優良的產品。

　我們在前面提過，魚菜共生並不限定於養魚種菜，可以是不同的變化組合，台灣人的創新能力非常強，魚菜共生概念被利用創新後，目前城田魚菜共生團隊正在實驗鰻魚菜共生來創造更大的經濟價值，更有人大膽實作蚯蚓菜共生、豬魚菜共生。

社會企業鏈與商業魚菜共生

民以食為天,解決糧食問題同時解決社會問題一直都是城田的使命之一。我們願景的計畫是募資為各社區建立商業魚菜共生農場,將商業魚菜共生農場與社區結合地區化,利用魚菜共生系統的移動性優勢分散在台灣各個鄉鎮裡在地生產。並且由當地社區負責安排弱勢團體進行生產及管理。

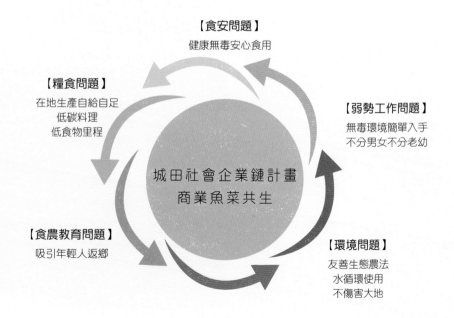

【食安問題】
健康無毒安心食用

【糧食問題】
在地生產自給自足
低碳料理
低食物里程

【弱勢工作問題】
無毒環境簡單入手
不分男女不分老幼

城田社會企業鏈計畫
商業魚菜共生

【食農教育問題】
吸引年輕人返鄉

【環境問題】
友善生態農法
水循環使用
不傷害大地

魚菜共生概念商品

魚 菜 共 生 甜 羅 勒 原 汁 工 法 淨 麵

採收魚菜共生農場細心照料 40 天的義大利天然甜羅勒，因為不添加任何抗氧化劑，所以甜羅勒葉打成汁後須於 24 小時內立即與非基因改造麵粉製成麵條，否則氧化變黑無法呈現淡淡甜羅勒的綠色。以此方式亦可創造出許多不同的魚菜共生健康麵。經過 SGS 檢驗無添加任何色素、防腐劑、農藥、順丁烯二酸等。民眾可以嚐到真正天然自然的原味食材香氣，最重要的是安心無毒。

魚 菜 共 生 甜 羅 勒 醬

正統的義大利麵青醬應該採用甜羅勒製成。可惜絕大多數在台灣的義大利青醬麵都採用了九層塔當作原料。利用魚菜共生農法可栽培出味道正統濃郁的甜羅勒葉,將其打成汁拌入橄欖油、松子、大蒜泥,製成正統青醬。

魚 菜 共 生 印 度 辣 椒 醬

> 利用魚菜共生農法種植出香辣誘人的辣椒，不僅辣勁潤醇，且不含防腐劑、色素，
> 沾醬、拌麵、拌飯皆可，炒煮食材也相宜。

魚 菜 共 生 花 草 茶

以魚菜共生農法種植可食之各類香草，例如薄荷、芳香萬壽菊、甜菊，剪取新鮮嫩葉加入熱開水，即為清香宜人的花草茶，又如甜薰衣草、香蜂草、檸檬馬鞭草皆是容易種植又氣味清新的香草植物，自己種植絕對安心無慮。

魚 菜 共 生 蛋 捲

採收魚菜共生農場細心照料 40 天的義大利天然甜
羅勒葉，只採用精選雞蛋，非基改麵粉，進口奶
油，絕不添加人工色素、香料及防腐劑，全程不
加一滴水，才會有又香、又濃、又純的甜羅勒蛋
捲產出，其特殊清香，攻佔味蕾，食出幸福的感
覺！

魚 菜 共 生 蒲 燒 鰻

採用魚菜共生農法養殖出的無用藥無毒健康鰻
魚,肉質細緻軟嫩,滑溜入口即化,含豐富
DHA 營養素,油脂經過燒烤技術並搭配獨家
蒲燒配方,香氣四溢,彈牙入味,宛如帝王級
的饗宴,每一口都是幸福的滋味!

4
PART

上桌囉！無毒安心吃
Let's eat fresh and healthy !

材料

| 皺葉萵苣
| 綠蘿美
| 紅蘿美

鮮 採 沙 拉 組 合
Fresh Salad Set

| 皺葉萵苣葉形皺曲、形色綺麗、葉質柔嫩，無論生食或炒食都非常適合。因葉片青脆有皺摺，常用來作餐盤襯底擺飾，使菜餚看起來更美味，由於萵苣的莖葉中含有大量的萵苣素，其味甘苦，不過卻能增強胃液、刺激消化、增進食慾，同時還有鎮痛和助眠作用。蘿美生菜含豐富維生素 A、C、B1、B2、礦物質及纖維，可改善皮膚粗糙，促進腸胃蠕動，味道清甜較少苦味，常被用作生菜使用，不論生食、川燙或油炒均可，放入火鍋中更添美味。但性寒，腸胃不好及手腳冰冷的人應少吃。

作法

| 摘取新鮮萵苣沖洗後即可佐醬食用。

換換食材

| 可以鹿角 A 菜、西洋芹、甜椒等替代。

材料

| 九層塔
| 雞蛋

九 層 塔 烘 蛋
Basil Baked Egg

| 九層塔中含有豐富維生素 A、C、磷及鈣質，一般使用九
層塔的根莖葉入菜，對於產婦產後調理體質、改善血液循
環、增強免疫系統有很好的功效。另外，對於有支氣管
炎、鼻竇炎、氣喘等問題的人亦有保養益處。在臺灣民間
也視為是活血化瘀止痛的良藥。

作法

| 摘取新鮮九層塔數葉切碎，加入新鮮雞蛋，入調味料後攪
拌均勻，下鍋煎至雙面熟成即完成。

換換食材

| 可以新鮮薄荷葉替代。

材料

| 青蔥
| 薑片
| 加州鱸魚

清　蒸　鱸　魚
Steamed Sea Bass

| 加州鱸魚為肉食性的兇猛魚類，其食慾旺盛，生長迅速，富含蛋白質、維生素 A、B 族維生素、鈣、鎂、鋅、硒等營養元素。《本草經疏》記載鱸魚味甘淡氣平與脾胃相宜。腎主骨，肝主筋，滋味屬陰，總歸於臟，益二臟之陰氣，故能益筋骨。脾胃有病，則五臟無所滋養，而積漸流於虛弱，脾弱則水氣泛濫，益脾胃則諸證自除矣。

作法

| 新鮮加州鱸魚一尾，佐以薑片、鹽巴入鍋蒸熟，另取青蔥切絲，鋪於魚身，起鍋燒熱油淋在青蔥上，續倒出盤中湯汁入鍋加熱，加入醬油調味後，再倒回原魚盤內即可食用。

換換食材

| 任何新鮮魚隻都可以替代。

材料

| 紅尼羅魚

乾 煎 紅 尼 羅 魚
Pan-fried Red Tilapia

| 紅尼羅魚為莫三比克口孵魚之變種,經多次自交並與尼羅
口孵魚雜交培育而來,外型與莫三比克口孵魚相近。體色
及各鰭為橘紅色,散雜一些灰黑色之斑駁,腹面淡色。最
大體長可達 35 公分以上。為雜食性,具成長快、耐低溫、
抵抗力強等特性,肉質細緻鮮美且少細刺,含豐富 DHA、
蛋白質、維生素、礦物質、微量元素等,外觀鮮紅討喜,
極受市場歡迎。

作法

| 新鮮紅尼羅魚一尾,於魚身兩面輕抹鹽巴,入鍋煎至熟成
後即可起鍋食用。

產卵期約在 3 ～ 11 月

換換食材

| 任何新鮮魚隻都可以替代。

材料

| 絲瓜
| 蛤仔
| 薑絲

蛤　仔　絲　瓜
Clam Vegetable Sponge

| 蛤仔含有蛋白質、維他命 B12、維生素 E、鈣、磷、鐵、鎂、鉀、銅、牛磺酸等營養素，能有效降低血液中的膽固醇，但普林含量高，因此建議尿酸偏高或痛風患者最好不要食用，以免造成身體不適。此外，蛤仔屬性偏寒，雖退熱解火，但脾胃虛寒者不宜多吃。

| 絲瓜所含營養成分有維生素 B1、維生素 B2、維生素 C、粗纖維、膳食纖維、鉀、鈣、鐵。性屬甘涼，夏季食用可幫助清熱消暑、降火氣，豐富的維生素 C 有去斑、美白的功效，為天然的美容聖品，且絲瓜宜烹煮熟透後再食用，以防所含的植物黏液及木膠質刺激腸胃。

作法

| 新鮮絲瓜刨皮切塊，加入薑絲拌炒至五分熟加水少許，入蛤仔繼續拌炒，見蛤仔開口後即可取出盛盤。

換換食材

| 可以蘆筍替代。

材料

| 芥藍菜

蠔　油　芥　藍
Oyster Sauce Chinese Kale

| 芥藍菜口感爽脆清嫩,爽而不硬,脆而不韌,以炒食最佳,含豐富的維生素 A、C、鈣、蛋白質、脂肪和植物醣類,味甘,性辛,有利水化痰、解毒祛風、降低膽固醇、軟化血管、預防心臟病的功效。芥藍中含有有機鹼,這使它帶有一定的苦味,會刺激人的味覺神經,增進食慾,還可加快胃腸蠕動,有助消化。芥藍中另一種獨特的苦味成分是金雞納霜,能抑制過度興奮的體溫中樞,達到消暑解熱作用。

作法

| 將芥藍菜洗淨後,入熱水中汆燙數分鐘,起鍋後盛入盤中,淋上蠔油即可食用。

換換食材

| 可以韭菜替代。

材料

| 秋葵

涼　拌　秋　葵
O k r a　S a l a d

| 秋葵含有豐富的蛋白質、脂肪、碳水化合物、維他命 A 和
B 群、鈣、磷、鐵等成分。可消除疲勞、迅速恢復體力，
其嫩果也可作蔬菜食用，口感軟嫩黏滑；成熟種子炒熟後
磨粉，可作為咖啡的代用品，是具有高營養價值的新型保
健蔬菜。每年的 5 至 8 月是生產旺季，但須注意夏季氣溫
高，生長速度較快，易於老化。

作法

| 將秋葵洗淨後，入熱水中汆燙數分鐘，起鍋後盛入盤中，
淋上蠔油撒上熟白芝麻即可食用。

換換食材

│ 可以四季豆替代。

材料

| 印度辣椒

印 度 辣 椒 醬
India Pepper Sauce

印度辣椒樹是阿薩姆邦和印度東北其他地區辣椒的雜交品
種，基因分析顯示印度辣椒的基因大都來自黃燈籠椒，亦
有部分基因來自辣椒。根據現有的證據，這種辣椒在印度
已有數百年歷史，以前被用作田間和村落的藩籬，以防止
象群闖入居民區。如今已經成為阿薩姆地區食品業主要原
料來源之一，只要輕輕沾一口乾辣椒，舌頭就會有燒起來
的感覺，嗜辣者也會覺得非常過癮！

作法

| 印度辣椒去蒂頭，洗淨風乾去除水分，加入少
許沙拉油，放入果汁機攪碎即可盛罐食用。

換換食材

│可以朝天椒替代。

材料

| 甜羅勒

義 大 利 羅 勒 青 醬
Italian Basil Pesto

| 羅勒被廣泛應用於香料、飲品、食物中,是義大利菜和南亞菜的重要原料。葉子有類似茴香的強烈氣味,如在三杯雞或越南河粉做好後撒上羅勒葉,或在烤炸時加入羅勒葉,皆能為菜增加香氣。科學研究已經證實,羅勒具有強大的抗氧化、防癌、抗病毒和抗微生物性能。在印度,羅勒常被用於輔助治療哮喘病及糖尿病。在古醫藥學中,羅勒還可以被用於治療青春痘。

作法

| 羅勒葉洗淨去水,加入橄欖油、蒜頭、松子、起司,放入果汁機攪碎即可盛罐食用。

換換食材

│ 可以香椿替代。

材料

| 綠薄荷
| 芳香萬壽菊
| 甜菊

香　草　茶
Herb Tea

| 薄荷醇是薄荷成分之一，也是薄荷香味的主要來源，薄荷
的其他成分包括薄荷酮、異薄荷酮、薄荷腦、薄荷酯類、
薄荷糖苷及多種游移胺基酸，氣味強勁具穿透力，清涼且
醒腦。芳香萬壽菊兼具了觀花、茶飲、烹調、驅蚊等多用
途，再加上容易栽培與繁殖，因此相當受歡迎。甜菊為多
年生草本，全株具有甜味，葉片最甜，最適合添於茶飲
中，增加天然甜味。

播種時間

作法

| 摘取新鮮綠薄荷、芳香萬壽菊、甜菊數葉，倒
入沸騰白開水，待香味逸出即可飲用。

換換食材

| 可以迷迭香和薄荷替代。

回歸自然的健康農法，選擇用良心做的食品。

甜羅勒原汁工法淨麵

城田

健康農場

無毒無害
安全No.1
BEST CHOICE
BY QUALITY

菜味恬淡清新
麵條滑順細Q彈

城田
甜羅勒
原汁工法
淨麵

myFarm

城田魚菜共生健康農場
tel：02-86471358
www.myfarm.com.tw

城田 魚菜共生 健康農場

香草王國

無毒有機·台灣生產
特殊香料客製化種植

▲ 芳香萬壽菊

▲ 甜羅勒

迷迭香

▲ 薄荷

▲ 甜薰衣草

蔬菜列車

Vegetable Train

定期種植。天天收成。生產管理容易

德國、日本、中國、澳洲、台灣、美國 (專利審核中)

蔬菜列車型

*水耕及魚菜共生皆適用

每週栽種

蔬菜列車栽種效率 (每週栽種模式)
2.5公尺x0.4公尺=1平方公尺
以週為栽種模式,每週可採收10棵
10棵x4週=40棵
40棵/30天 (4週)

每日栽種

蔬菜列車栽種效率 (每日栽種模式)
2.5公尺x0.4公尺=1平方公尺
以天為栽種模式,每日可採收2棵
2棵x30天=60棵

樂廷電機股份有限公司

聯絡人:鄭勝雄、林正哲
電話:02-22900765
E-mail:lt.e2299@msa.hinet.net
地址:新北市新莊區五權一路七號七樓之九

收 穫 滿 滿

放鬆心情，補充能量去！

魚菜共生友善餐廳、商店

◆ 文岩文岩燒蜀辣鴛鴦鍋（板橋店）	台北市板橋區中山路一段50巷6號2樓	02-2956-1300
◆ 文岩文岩燒蜀辣鴛鴦鍋（蘆洲店）	台北市蘆洲區中原路3號	02-2847-2999
◆ 鍋爸涮涮鍋（民權店）	台北市新店區民權路131號	02-2218-5353
◆ 鍋爸涮涮鍋（金山店）	台北市大安區金山南路二段2號2樓	02-2395-2938
◆ 鍋爸涮涮鍋（長春店）	台北市中山區長春路382號2樓	02-2545-2588
◆ JOYCE WEST café	台北市松山區慶城街22-1號	02-2713-8362
◆ 祥禾園餐廳	台北市松山區八德路四段656號	02-2748-9966
◆ 城南藝文	台北市中正區湖口街1-3號	02-2322-2933
◆ 眾流素食餐廳	台北市中山區龍江路102號	02-2516-5757
◆ 瓦崎燒烤火鍋（公館店）	台北市中正區汀州路三段299號	02-2369-0696
◆ 瓦崎燒烤火鍋（敦南店）	台北市大安區敦化南路一段160巷60號	02-2752-5099
◆ 宮綺火鍋（公館店）	台北市中正區汀州路三段283號	02-2367-8366
◆ 若荷蔬食時尚餐廳	台北市大安區敦化南路一段160巷58號	02-2752-0838
◆ 元源有機店	台北市新莊區昌平街41巷10號	02-2279-5133
◆ 特惠屋有機店	台北市北投區中央南路一段115號	02-2896-2898
◆ 佛心素食材料	台北市中壢區志廣路67號	03-491-4819

魚 菜 共 生
2016年暢銷增訂版

鮮 採 現 吃！ 從 地 下 室 到 頂 樓，從 零 開 始 實 踐 的 新 型 態 懶 人 農 法

作者	城田魚菜共生健康農場
主編	王斯韻
美術設計	繁花、謝佳惠
插畫	Kit.K
行銷企劃	曾于珊
發行人	何飛鵬
總經理	李淑霞
總編輯	張淑貞
副總編	許貝羚

國家圖書館出版品預行編目（CIP）資料

魚菜共生：鮮採現吃！從地下室到頂樓，從零開始實踐的
新形態懶人農法 2016 年暢銷增訂版 / 城田魚菜共生健康
農場著 .-- 初版 .-- 臺北市：麥浩斯出版：家庭傳媒城邦分
公司發行 , 2016.08
面；　公分
ISBN 978-986-408-188-2（平裝）
1. 蔬菜 2. 栽培 3. 養殖
435.2　　　　　　　　　　　　　　　　105013108

出版	城邦文化事業股份有限公司 ‧ 麥浩斯出版
地址	104 台北市民生東路二段 141 號 8 樓
電話	02-2500-7578
發行	英屬蓋曼群島商家庭傳媒股份有限公司城邦分公司
地址	104 台北市民生東路二段 141 號 2 樓
讀者服務電話	0800-020-299（9：30 AM ～ 12：00 PM；01：30 PM ～ 05：00 PM）
讀者服務傳真	02-2517-0999
讀者服務信箱	csc@cite.com.tw
劃撥帳號	19833516
戶名	英屬蓋曼群島商家庭傳媒股份有限公司城邦分公司
香港發行	城邦〈香港〉出版集團有限公司
地址	香港灣仔駱克道 193 號東超商業中心 1 樓
電話	852-2508-6231
傳真	852-2578-9337
馬新發行	城邦〈馬新〉出版集團 Cite(M) Sdn. Bhd.(458372U)
地址	41, Jalan Radin Anum, Bandar Baru Sri Petaling, 57000 Kuala Lumpur, Malaysia
電話	603-90578822
傳真	603-90576622
製版印刷	凱林印刷事業股份有限公司
總經銷	聯合發行股份有限公司
地址	新北市新店區寶橋路 235 巷 6 弄 6 號 2 樓
電話	02-2917-8022
傳真	02-2915-6275
版次	二版一刷　2016 年 8 月
定價	新台幣 280 元　港幣 93 元

Printed in Taiwan